U0313969

撰　　稿

张　迪　沈蓓蕾　孙　杰
唐旭东　曹　阳　赵　新
魏诗棋　郑士明　高　雪
柴冰冰　陈禹行　滕　雪
张　静　刘晓漫　王靖雯
康　健

插图绘制

雨孩子　肖猷洪　郑作鹏
王茜茜　郭　黎　任　嘉
陈　威　程　石　刘　瑶

装帧设计

陆思茁　陈　娇
高晓雨　张　楠

了不起的中国

传统文化卷

中华美食

派糖童书　编绘

化学工业出版社

·北京·

图书在版编目(CIP)数据

中华美食／派糖童书编绘.—北京：化学工业出版社，2023.10
（了不起的中国.传统文化卷）
ISBN 978-7-122-43893-5

Ⅰ. ①中… Ⅱ.①派… Ⅲ.①饮食-文化-中国-儿童读物 Ⅳ.①TS971.2-49

中国国家版本馆CIP数据核字（2023）第137004号

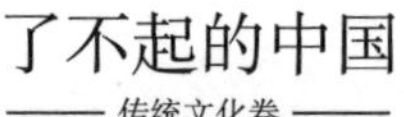

责任编辑：刘晓婷　　责任校对：王　静

出版发行：化学工业出版社（北京市东城区青年湖南街13号　邮政编码 100011）
印　　装：北京尚唐印刷包装有限公司
787mm×1092mm　1/16　印张5　2024年1月北京第1版第1次印刷

购书咨询：010-64518888　　售后服务：010-64518899
网　　址：http://www.cip.com.cn
凡购买本书，如有缺损质量问题，本社销售中心负责调换。

定　　价：35.00元　

前　言

几千年前，世界诞生了四大文明古国，它们分别是古埃及、古印度、古巴比伦和中国。如今，其他三大文明都在历史长河中消亡，只有中华文明延续了下来。

究竟是怎样的国家，文化基因能延续五千年而没有中断？这五千年的悠久历史又给我们留下了什么？中华文化又是凭借什么走向世界的？“了不起的中国”系列图书会给你答案。

“了不起的中国”系列集结二十本分册，分为两辑出版：第一辑为“传统文化卷”，包括神话传说、姓名由来、中国汉字、礼仪之邦、诸子百家、灿烂文学、妙趣成语、二十四节气、传统节日、书画艺术、传统服饰、中华美食，共计十二本；第二辑为“古代科技卷”，包括丝绸之路、四大发明、中医中药、农耕水利、天文地理、古典建筑、算术几何、美器美物，共计八本。

这二十本分册体系完整——

从遥远的上古神话开始，讲述天地初创的神奇、英雄不屈的精神，在小读者心中建立起文明最初的底稿；当名姓标记血统、文字记录历史、礼仪规范行为之后，底稿上清晰的线条逐渐显露，那是一幅肌理细腻、规模宏大的巨作；诸子百家百花盛放，文学敷以亮色，成语点缀趣味，二十四节气联结自然的深邃，传统节日成为中国人年复一年的习惯，中华文明的巨幅画卷呈现梦幻般的色彩；

书画艺术的一笔一画调养身心，传统服饰的一丝一缕修正气质，中华美食的一饮一馔（zhuàn）滋养肉体……

在人文智慧绘就的画卷上，科学智慧绽放奇花。要知道，我国的科学技术水平在漫长的历史时期里一直走在世界前列，这是每个中国孩子可堪引以为傲的事实。陆上丝绸之路和海上丝绸之路，如源源不断的活水为亚、欧、非三大洲注入了活力，那是推动整个人类进步的路途；四大发明带来的文化普及、技术进步和地域开发的影响广泛性直至全球；中医中药、农耕水利的成就是现代人仍能承享的福祉；天文地理、算术几何领域的研究成果发展到如今已成为学术共识；古典建筑和器物之美是凝固的匠心和传世精华……

中华文明上下五千年，这套“了不起的中国”如此这般把五千年文明的来龙去脉轻声细语讲述清楚，让孩子明白：自豪有根，才不会自大；骄傲有源，才不会傲慢。当孩子向其他国家的人们介绍自己祖国的文化时——孩子们的时代更当是万国融会交流的时代——可见那样自信，那样踏实，那样句句确凿，让中国之美可以如诗般传诵到世界各地。

现在让我们翻开书，一起跨越时光，体会中国的“了不起”。

目 录

钻木取火

导　言

“夫礼之初，始诸饮食”，中国人的饮食由果腹转变为文化，人文礼教由此发端。特别是从燧（suì）人氏学会钻木取火以来，人们开始吃熟食，营养越来越好，生活发生了翻天覆地的变化。

孔子又曰：“食不厌精，脍（kuài，切细生食的鱼肉）不厌细。食饐（yì，食物腐败）而餲（ài，食物放久了变味），鱼馁（něi，腐败，不新鲜）而肉败，不食；色恶，不食；臭恶，不食；失饪（rèn，将食物做熟），不食；不时，不食；割不正，不食；不得其酱，不食。”

荀子曰：“争饮食，无廉耻。”食礼是生活礼仪的重要组成部分，认真对待吃饭就是认真对待人生。

这本书将向小朋友们展现中国人自古吃什么、怎么吃，各种菜系的区别，茶、酒等饮料的发源，以及中华美食与世界的交流。除此之外，本书还会向小朋友们介绍饮食之礼和关于饮食的典故，让吃饭变得更有学问。

食 材

好的材料是美食的基础，有了各种各样的食材，才有了我们今天品尝到的美味佳肴（yáo）。我国古代中医典籍《黄帝内经》中提出“五谷为养，五果为助，五畜为益，五菜为充”，意思是说谷物是人们赖以生存的根本，而水果、蔬菜、肉类等是主食的补充。这是一种科学的饮食观念，饮食均衡才能保证身体健康。

五谷、五果、五畜、五菜

五谷：泛指的是黍（shǔ）、稻、菽（shū）、麦、稷（jì）等谷物。

五果：泛指的是枣、李、杏、桃、栗等水果、坚果。

五畜：泛指的是牛、犬、羊、猪、鸡等家畜、家禽。

五菜：泛指的是葵、韭、藿（huò）、薤（xiè）、葱等蔬菜。

五谷中，黍也叫糜（méi）子，就是黄米。稻是水稻，“泽土所生”，我国是世界上最早广泛种植水稻的国家。菽是豆类，黄豆、绿豆、黑豆、赤豆，等等，都叫菽。麦就是有芒的一类麦子，常见的有大麦、小麦。稷有说是粟（sù），有说是高粱，有说是黍类，在古代，稷是百谷之长，指五谷神，“社”指土地神，合起来代指社稷，后来渐渐成为国家的代名词，更凸显了农业的重要地位。

五果和五畜小朋友们都认识。

五菜中，葵不是向日葵，元代王祯在《农书》中解释说：“葵，阳草也，为百菜之主，备四时之馔，可防荒俭，可以菹腊（咸干菜），其根可疗疾。”可见葵是古代一种常见的菜蔬，四季可食。韭就是韭菜，又好种又好入菜，在古人眼中是五荤（五辛）之一。藿是豆类植物的叶子，《战国策·韩策》中说：“民之所食，大抵豆饭藿羹。”普通百姓在那时只能吃豆饭，嚼豆叶，生活还是很苦的。薤在古书上解释为“叶似韭而阔，多白而无实”，是一种长得很像韭菜的植物。葱就是葱类了。

四体不勤，五谷不分

孔子的学生子路和孔子走散了，便问路边的一位老者："您看见我的老师了吗？"谁知那老者挺不客气地说："你这个人，四体不勤，五谷不分，谁知道你的老师是谁？！"子路听了这话，便恭敬地站在一旁，等待那老者去锄草。

到了晚上，老者把子路带回了家，"杀鸡为黍"，又叫两个儿子出来认识一下。

第二天，子路见到孔子，讲了这件事，孔子说："那人一定是位隐世高人。"

"四体不勤，五谷不分"中的"四体"就是四肢，这句话是说一个人连农活都不会干，粮食也不认识。我们现在还用这句话来形容没有劳动经验、光说不练的人。

"杀鸡为黍"中的"鸡"是肉食，"黍"是当时比较精细的黄米，可以看出老者很精心地招待了子路。

唐代田园派诗人孟浩然有诗云："故人具鸡黍，邀我至田家。"鸡肉和黄米应该是农家上乘的待客餐了。

粟和稻之乡

粟是小米，稻是大米，我国是小米和大米之乡。

早在一万多年前的北京地区，就已经开始种植小米，而在湖南玉蟾（chán）岩，考古学家发现了一万多年前的稻米。

一万多年前是什么概念呢？那时被称为“史前”，还没有文字记载，人类刚开始驯化动物，并定居下来形成部落。

南稻北麦

我国幅员辽阔，南方和北方地理环境和气候条件相差很大，生长的粮食作物也不尽相同。北方气候相对干燥，降水较少，耕地以旱地为主，更适合种植麦子；南方地区湿润多雨，耕地以水田为主，更适合种植水稻。我们现在吃的米饭，是把稻谷脱壳后做成的，而馒头、包子、面条等，都是麦粒磨成粉之后做成的。南方人常吃米饭，北方人大多爱吃面食，这是几千年来农耕文化和饮食习俗的积淀。

粉食之始

中国是世界上最早种植小麦的国家之一，最初人们不知道将麦粒磨成粉，而是直接用麦粒煮饭熬粥，称为“麦饭”，但这种麦饭不容易煮熟，而且不易消化。到了战国末期，人们发明了一种专门将麦粒研磨成粉的工具——石磨。麦粒被磨成面粉，成了后来我们制作各种各样面食的原料，从此以后，我们的主食逐渐丰富起来。

菽——中国的特产

菽，指的就是现在的大豆，在我国已经有五千年的栽培历史了，这种作物的栽培也为西汉刘安发明豆腐提供了原料。刚开始人们觉得豆腐很难吃，经过不断改造，才逐渐受到欢迎，被誉为“植物肉”。

豆腐

富贵于我如浮云

孔子曰：“饭疏食饮水，曲肱（gōng）而枕之，乐亦在其中矣。不义而富且贵，于我如浮云。”说的是孔子吃着粗粮，喝着冷水，弯着胳膊当枕头，依旧乐在其中。用不仁义的手段得来的富贵，在他看来就像天边的浮云一般。

这段话体现了孔子的道德和志向，其中“疏食”指粗粮，也就

是稷。在古代，稷是粗粮，是普通百姓餐桌上的主食，现在多用来当作牛羊的饲料。“水”和“汤”相对，“汤”是热水，而“水”就是凉水，随便在哪口井里打上来就喝了，比喻生活俭朴。

粮食是工资

在古时候，不管是官员，还是普通打工者，粮食都是基本的工资形式。但不同级别的官员，工资的多少是不同的。“为稻粱谋”就是谋生的意思。《论语》里记载，原思给孔子当管家，孔子给了他九百粟，他不要。孔子说，你别不要啊，收下吧，有富余的你就分给邻里穷人吧。

吃饭有限制

《礼记·王制》中说：“诸侯无故不杀牛，大夫无故不杀羊，士无故不杀犬豕（shǐ），庶人无故不食珍。”《礼记》中对各阶层人们能吃的食材都有规定，因为古时候生产资料珍贵，财富物资有限，人们不是想吃什么就吃什么。比如牛在古代是重要的生产物资，主要用来犁田拉车，可是轻易吃不得的。而普通老百姓日常就是吃豆饭菜蔬，难得见一次油水。

精致的料理

古人食鲊（zhǎ），鲊是将多种食材压制、加盐，又配合米、面加工而成的菜肴。

最有名的黄雀鲊，是用雀肉加工成的，是稀有又鲜美的食物。

鱼是鲊的主要食材，《齐民要术》里详细记载了鱼鲊的做法：鲤鱼切片，撒盐，压去水，一层鱼片一层饭，叠放在一起。这不就和现在的饭团差不多嘛！

荇菜、卷耳、芣苢

《诗经》表现了先秦时期劳动人民的生活和情感，其中有许多菜蔬名，现在的人们理解起来，可能会觉得怪怪的，这些菜到底是什么意思呢？

《关雎（jū）》里这样写道："关关雎鸠（jiū），在河之洲。窈窕（yǎotiǎo）淑女，君子好逑（hǎoqiú）。参差（cēncī）荇（xìng）菜，左右流之。窈窕淑女，寤寐（wùmèi）求之。"写的就是女主角采摘荇菜时的倩影深深烙（lào）在了男诗人心中，才有了这首流传几千年的美丽诗歌。荇菜生长在水里，是莕的一种，叶圆，可以食用，也叫水黄花。莕分三种，大叶的叫莕，中叶的叫荇菜，小叶的叫浮莕。

《卷耳》里，"采采卷耳，不盈顷筐。嗟（jiē）我怀人，寘（zhì）彼周行"写的是有个

妇人去采摘卷耳，还没有采上一筐，就思念起远方的丈夫了。卷耳是苍耳，就是那个种子像个小刺球的植物，嫩叶可以食用。

《芣苢（fúyǐ）》是一首劳动妇女采芣苢时唱的歌，芣苢就是车前草，现在到了春夏时节，漫山遍野都能见到。

上面说的这三种都是野菜，先秦时期的古人都会密切关注自然植物的生长，来及时充实自己的餐桌。二十四节气的小满时节有三候，一候苦菜秀，也是在讲人们在这时会挖寻野菜充饥。中国古代普通百姓的餐桌上，野菜恐怕是少不了的角色。

烹 调

那么多丰富的食材是怎样变成我们口中的美食的呢？这就需要烹（pēng）调的加入。中国的烹调不同于世界上的很多地区，“手工操作、经验把握”是中国传统烹调的基本特征，包括烤、煮、蒸、炒、涮（shuàn）等三十余种烹调方法。同时还非常讲究火候的控制，比如，煎炒要用武火（大火）；煨（wēi）煮需用文火（小火）；需要收汤的菜肴要先用文火再用武火；炖煮过程中不能经常掀起锅盖查看，等等。

烹饪萌芽——石烹法

大约在远古时代，那时的人类还没有发明锅，所以就用烧得通红的石头把食物烫熟，这就是原始的烹调手法——石烹法。这种方法至今在陕西地区还有留存，陕西的石子馍(mó)就是用这种方法制成的小吃。

黄帝作灶，始为灶神

“黄帝始蒸谷为饭，烹谷为粥。”我们的“人文初祖”黄帝改进了石烹法，把灶坑改进成为初具雏（chú）形的炉灶，并按照蒸汽加热的原理制造出一种最早的蒸锅——陶甑（zèng）。

我国是最早使用蒸汽烹饪的国家。蒸汽效率很高，又能很好地保存食材的鲜味，所以直到今天，各地中式菜肴都少不了蒸食。蒸食还有很多细分种类，比如清蒸、粉蒸、糟蒸、盅（zhōng）蒸等。

脍

孔子说的“食不厌精，脍不厌细”中的“脍”是指切得很细的鱼或肉。《诗经》里提到的“炮（páo）鳖（biē）脍鲤”，这里的“脍鲤”就是指切鲤鱼片，应该算是早期的生鱼片了。

成语“脍炙（zhì）人口”，说的就是经过“脍”和“炙”加工后的食物受到人们欢迎。现在引申为好的诗文会得到很多人的喜欢。

烧、烤、炙、炮

烧、烤、炙、炮是原始人类发现火以后使用的最初的烹调方法，一直延续到现在。我们去吃的香喷喷的烤肉，和几千年前原始人的做法基本相同。原始人把大块的兽肉架在火上，让火直接烧熟肉块，就叫“烧”；离火近一些，用火产生的热量把食物变熟叫作“烤”；将小片的食物放在烧得滚烫的石片上，利用石片的热度烹熟食物的方法叫作“炙”；古代的“炮”是将泥巴裹在肉外面，再放到火中烧，名菜“叫花鸡”就是这样做的。

腌渍

肉类和蔬菜都可以腌渍（zì）。

腌渍就是用调料浸泡食材，让食材充分吸收调料的味道。同时，腌渍还是一种历史悠久的保存食物的方法，经过食盐、酒等浸泡的食材，微生物活动受到抑制，腐坏变质的过程大大放缓。

调料

调料使食材变得更加美味，是人们制作美食离不开的部分。调料分为酸、甜、苦、辣、咸五味，包括盐、酱油、醋、糖等调味品，以及葱、姜、蒜、八角、花椒、辣椒、陈皮等调味料。

我国最早使用的调料是盐、梅、酒、饴（yí）和花椒。

商代甲骨文中就提到了卤（lǔ）盐，盐应该是食物烹调的第一调味品。梅经常与盐一同使用，可以提供甜味和酸味，除了食物本身的味道以外，具有复合味道的食物更能调动人们的食欲。饴是麦芽糖，多数时候是黏（nián）稠的糊状，不方便入菜，易溶的红糖到唐代才有，而白糖则直到明代才出现。酒和花椒都能去除肉食的腥味，很早以前就在烹饪中使用了。

“天下第一醋”

西周时期，中国人已经开始酿造食醋，那时的醋叫作“酿”或是“酢（cù）”。晋阳（今太原）是中国食醋的发源地，晋阳的醋坊在春秋时期已遍布城乡，至北魏时，《齐民要术》共记述了二十二种制醋方法。除此之外，中国四大名醋之一的山西老陈醋，素有“天下第一醋”的盛誉，以色、香、醇、浓、酸五大特征著称于世，而且储存时间越长越香醇，至今已有三千余年的历史。

风干

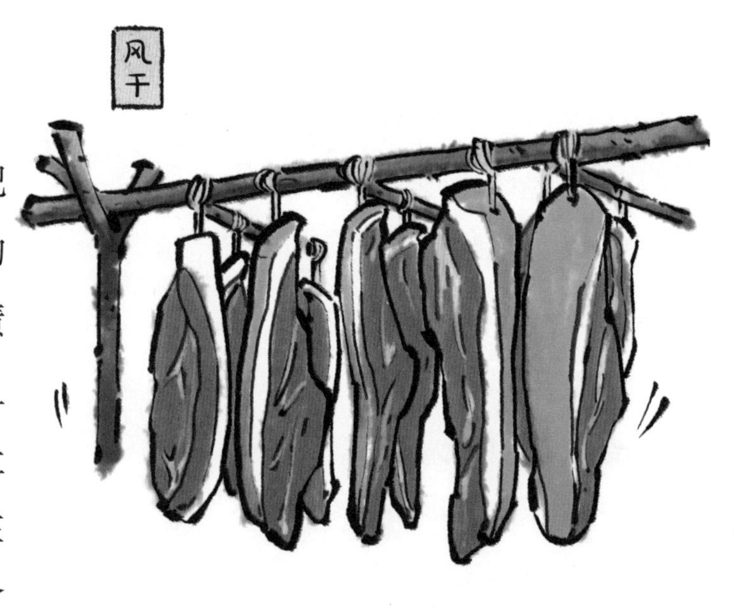

风干是另一种把食物留存更长时间的方法。将食物用盐腌渍后放到通风良好而且太阳晒不到的地方，让食物慢慢脱去水分。在这个过程中，要确保食物表面完全干燥，以免滋生细菌，损坏口感。我国风味小吃腊肠、腊肉等就是用这种方法制成的。早在周朝的《周礼》中就有关于“肉脯”“腊味”的记载，可见这种方法也是由来已久了。

馔

馔（zàn）也是古人一种常见的烹调方法，就是以羹（gēng）浇饭，类似于今天的盖浇饭。那么羹是什么？

历史上提到羹的著名事件就是刘邦与项羽争天下时，项羽抓去了刘邦的父亲，在阵前支起大锅，点柴烧水，威胁刘邦说：“今不急下，吾烹太公。”意思是，如果你不投降，就煮了你爹。刘邦是怎么回答的呢？“吾与项羽俱北面受命怀王，曰‘约为兄弟’，吾翁即若翁，必欲烹尔翁，则幸分我一杯羹。”意思是：“咱俩在一起工作的时候，曾经结为兄弟，我爹就是你爹，你要是烹了你爹，就分给我一杯羹吧。”这样的话说出去，项羽还真拿刘邦没有什么办法。

在这里，羹的基本做法已经出来了，就是熬成肉汁，而且五味调和，浇在饭上来吃。

烹

老子云：“治大国若烹小鲜。”意思是治理一个大的国家就像烹制小鱼。

烹是在文火油煎或炸的基础上，用调料汁调味的一种方法。小鲜就是小鱼。

小火叫烹，大火就叫炒了，小鱼鲜嫩，要求火候拿捏得非常准，火候不到，或者火候过了，都会损失食物原本的味道。

现在用“治大国若烹小鲜”比喻统治者治国，不能大意，不能过度，要有条不紊地施行政策，要关注民情民生。

醢

醢（hǎi）这个字在历史上留下了不少“阴影”，它本来是一种食物处理方法，就是将肉制成干肉，然后切碎，再用酒或其他调味料腌渍、发酵制成肉酱。鹿肉、兔肉、鱼肉、蛤蜊（gélí）肉都能制成酱，想一想也是很美味的。

那为什么说有“阴影”呢？因为史书里记载了很多把人也制成醢的事，这很恐怖。

在古老的中国，统治者施行刑罚时，要起到广泛的威吓作用，而醢就从精神和肉体两方面恐吓着人民。《史记》里记载商纣王杀掉了九侯的女儿，制成了醢，还送给了九侯——这简直是没有人性。《楚辞·九

章》中有："伍子逢殃（yāng）兮，比干菹（zū）醢。"比干是商纣王的叔叔，史传是一位正直的重臣，被商纣王杀死。关于他的死法传闻有很多，菹醢是其中一种。

《礼记·檀弓》里记载，公元前 480 年，卫国发生了内乱，孔子著名的学生子路在内乱中被人杀害了，孔子伤心欲绝，命人倒掉了家里的醢。别人问了才知道，原来子路被"醢之矣"。

醢刑在夏商时期是典型的刑罚，汉代以后就不在律法中出现了，只是偶尔在私斗中出现。

物 性

中国人认为食材都有着独特的味道和属性：有的食材必须自己单独烹调，才能充分展现它独有的味道，如鳗鱼、鳖、蟹等；有的则需要搭配其他食材一起烹调才能够促成美味。中医也对食材的味道和特性等进行了归纳和总结。人们通过了解食材的特性，进而合理地搭配饮食，不仅可以让味蕾得到满足，还可以让身体更健康。

食物的温、热、寒、凉四性

古人认为，绿豆、豆腐、芹菜等寒和凉的食物适合夏季食用，能够清热解暑；羊肉、葱、姜、蒜、韭菜等热和温的食物适合冬季食用，能驱寒生暖，健脾和胃；至于苹果、玉米、芝麻等寒热性不明显的平性食物，不同体质的人均可食用。所以，脾胃虚寒的小朋友应该少吃寒凉的食物；有内热的小朋友少吃热性的食物。

《礼记》中的饮食观

《礼记》中提到春天宜多吃酸味，夏天宜多吃苦味，秋天宜多吃辣味，冬天宜多吃咸味。还提出了饭菜最适宜的搭配方法，比如牛肉配粳(jīng)米，羊肉配黍米，猪肉配粟米等。

时节

各种食材都有自己的生长周期，应当在食材生长最好的时候食用，否则这种食材的精华就丧失了，做出的菜肴也不会可口。吃萝卜最好的季节在十月份，过时萝卜就会空心，而且补气作用也会下降；吃山笋最好的季节是在春天，过时的话，笋的味道就会变苦；吃刀鱼最好在清明节前后，因为这个时候的刀鱼刺最软。

搭配须知

清代袁枚在《随园食单》开篇的位置，写了大量烹制美食的须知事项，制作美食之前，需要熟识这些事项才可以动手，切不可盲目，这是他对美食基本的尊重。其中，“搭配须知”里讲的就是不同食材的不同搭配原则。

“凡一物烹成，必需辅佐。要使清者配清，浓者配浓，柔者配柔，刚者配刚，方有和合之妙。其中可荤可素者，蘑菇、鲜笋、冬瓜是也；可荤不可素者，葱、韭、茴香、新蒜是也；可素不可荤者，芹菜、百合、刀豆是也。”

比如蘑菇炖鸡汤也好吃，蘑菇炒小白菜也好吃，这是因为蘑菇有可荤可素的物性；比如韭菜炒鱿鱼就非常鲜美，如果炒了冬瓜片，那简直就是“黑暗料理”了，这是因为韭菜有可荤不可素的物性。

食　器

食器就是厨具和餐具，爸爸妈妈用煎锅还是用炖锅，决定了你今晚吃什么。你用筷子来吃面条，还是用勺子来吃面条，决定了你吃得方不方便。一万年前的新石器时期，人们制造了陶制器皿。商周时代，由于青铜冶炼技术的发展和青铜器的广泛使用，食器有了较大的发展，出现了各种烹煮器、烧烤器、盛器、酒器等，还出现了各种厨用刀具。到了汉代，铁制食器开始普及，还出现了各种珍贵材料制成的器具，各种细分功能的器具也越来越多。唐宋时期，金属工艺和陶瓷工艺得到了长足的发展，饮食器具不仅是生活用品，更成为艺术精品。

釜

釜就是圆底锅，曹植的《七步诗》里有："煮豆燃豆萁，豆在釜中泣。"说的就是在锅里煮豆子。商代有铜釜，到秦汉时期，开始出现铁釜。其中带耳朵的叫鍪（móu），古代行军作战时一般都是把这种锅悬挂起来，在底下烧火煮食物。

甗

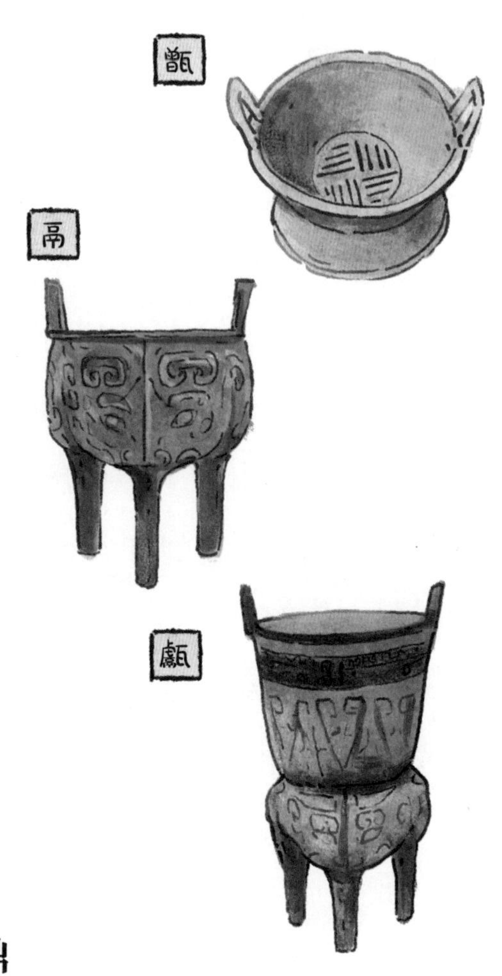

甗（yǎn）是先秦时期重要的烹饪工具，主要用来蒸熟食物。

甗主要由两部分组成，上方是甑（zèng），下方是鬲（lì）。甑像一口锅，里面用来盛食物，与普通锅的区别是，它的底部是箅（bì），有许多空隙，可以让蒸汽升腾上来。下方的鬲一般有三只胖胖的脚，与鼎很像。鬲的下面烧柴，里面煮水。把甑放在鬲上，就是一只完美的蒸锅了。

鼎

鼎是新石器时代的主要炊具之一，分为三足鼎和四足鼎，是一种有脚的锅。鼎下面烧柴，鼎里面煮东西。此外，鼎还是重要的礼器，“天子九鼎”“问鼎中原”中的“鼎”可不是人们日常做饭用的东西。

俎

大块的肉在鼎中煮好了，用长柄汤匙取出，放在俎（zǔ）上。俎就好像今天的菜板，同时也像个小桌子。“人为刀俎，我为鱼肉”是《史记·项羽本纪》中著名的一句话，鱼肉就是放在俎上，用刀切来吃的。

俎

豆

其余的饭菜盛在哪里呢？

豆不是豆子，是一种高足盘，早期有陶豆，后来有青铜豆，再后来还有木制的、铁制的等。

豆

古代人不用一个大桌吃饭，人人伸手夹菜，而是采用分餐制，一人一个小桌，桌上摆着豆。《礼记》中说：“上大夫八，下大夫六。”指的就是八个豆和六个豆，由此可见豆的多少、饭菜多寡和一个人的身份息息相关。

染

染最早的意思不是染出颜色，而是蘸（zhàn）酱。后来还发明了蘸取热酱的方法。山西朔（shuò）县出土了一只汉代四神染炉，下面是放置加热木炭的空间，上面的托盘是放酱料的，设计非常巧妙。

筷子

中国是筷子的发源地，筷子的使用可以追溯到商代，至少有三千多年的历史了。筷子圆的一头象征天，方的一头象征地，表示“天圆地方”，体现着中国人对世界基本原则的理解。

最早的筷子是用来夹取滚烫的石块用的，是最早的烹饪用具。先秦时期，筷子被称为“挟”，是从汤里向外取菜用的，并不是用来往嘴里送吃的，吃饭还是用手抓，所以食指才叫“食”指；秦汉之后叫“箸（zhù）”，功能没什么变化；直到宋代，“箸”还只用于夹菜，吃饭要用“匙”；到了明代，陆容在《菽园杂记》里记载，南方吴中地区经常使用舟船，忌讳“箸”与“住”同音，就改“箸”为“快”，从此便有了“筷子”的说法，后来传到北方，“箸”和“筷子”两个名称才开始混用，也是在这个时候，筷子开始用来吃饭。

礼　仪

饮食活动中的行为规范是各种礼制建立的开端。早在周代时，饮食礼仪就形成了相当完善的制度，从座席的方向、上菜的次序到餐具的摆放等方面都体现着中国人的逻辑思想，尊老敬老、勤俭节约等美德在饮食上也都有体现。

宴饮入席有讲究

在没有高脚桌椅的时代，人们吃饭时是坐在地上的。地面上铺一层竹席，叫作筵（yán），筵上再铺一层比较小的草席，叫作席。席前放上几案，用来摆放食物。入席时，尤其讲究尊卑老幼，身份尊贵的人、上了年纪的人要坐在上席，身份低和年纪小的坐在末席。年纪越大的人面前摆放的食物越多，这也是古代尊老敬老的体现。所以，今天我们管酒宴还叫“筵席”，就是从古时候传下来的。

《论语》中的饮食礼仪

“食不语，寝不言。”吃饭的时候不交谈，睡觉的时候不说话。

“虽疏食菜羹，瓜祭，必齐如也。”就是吃粗粮和菜汤，也一定要取出些食物摆在食器中间，恭恭敬敬地祭一祭最初发明食物的人，不能马虎了事。

“席不正，不坐。”席位不符合礼制，就不落座。

孔子主张的饮食礼仪

孔子是我国古代的大教育家，他特别讲究礼仪，在饮食方面也一样。孔子提倡迎送礼，宴饮开始前要起身迎接客人，请客人先进门；宴饮交接时要遵循交接礼，做到谦卑得体；宴请客人布置酒席应遵循布席礼，席位从摆放到入座都要遵循一定规则；吃饭时讲究进食礼，各种酒菜都放在相应位置，上菜先后有规定。不过这些礼节太过烦琐，很多已经逐渐消失了。

迎送礼

从分餐制到合餐礼仪

分餐指的是一人一案，用各自的餐具进食；合餐则是大家围坐一张桌子，共用菜碟夹菜吃饭。唐以前中国人讲究分餐制，唐宋之后，高脚的桌椅板凳出现，更多餐具被发明出来，人们开始围桌共餐。

周公吐哺

《史记·鲁周公世家》里记载周公“一饭三吐哺（fǔ）”。吐哺就是吐出嘴里的食物，这句话是说周公正在吃饭的时候有贤士来访，他便吐出嘴里的食物去接待，以示尊重，有时一顿饭要停下来三次。后人用成语“周公吐哺”表示礼贤下士。由此可见，一边吃着东西，一边待人接物是不礼貌的行为。

节俭之风

“一粥一饭，当思来处不易；半丝半缕，恒念物力维艰。”不浪费食物这种传统美德已经传承很久了。1972 年，长沙马王堆汉墓出土了一套“五碗盘”，另外还有两个漆卮（zhī，盛酒的器皿）和一个耳杯，类似我们现在用的成套餐具。

五碗盘

命 名

中国人最讲究意味，也最讲究吉祥。民以食为天，因此，在像天一样的饮食大事上面，吉祥的意味必不可少。所以，你可以听到许多传统名菜都有一个特别美好的名字，甚至单凭某些菜名，小朋友都猜不到这菜是什么。

谐（xié）音取名：如果菜里有鸡，那么菜名八成就有“吉”；如果菜里有圆形的食材，那么“团圆”二字极有可能被用来命名。

联想取名：中国的神话传说里有许多神兽，有一些是有吉祥寓意的，比如龙、凤和麒麟，还有一些神话人物，也可能与食材联系起来。鸡入了菜，就会变成凤凰；蛇摇身一变，就成了龙，代价就是先没了小命。

形象取名：在菜里叫珍珠的，可能只是面丸；在菜里叫白玉的，有可能是豆腐，也有可能是白菜；龙眼是桂圆；金丝是豆腐丝或鸡丝。普通的食材经过烹饪，味道出神入化，被授予了一个好名字，也变得身价百倍。

厨者入名：名厨做名菜，名菜也会以名厨的名字或称号命名。比如宫保鸡丁这道风靡（mí）全世界的美食，就是以创制这道菜的四川总督、太子太保丁宝桢（zhēn）的官名（俗称“宫保”）取的名；再比如东坡肉，就是大文豪苏东坡的名馔。

技法取名：醉虾，就是用酒腌制的虾；泥鳅钻豆腐，就是吐尽泥沙的活泥鳅与豆腐一起焖炖，泥鳅在锅里乱钻，出锅时头部都在豆腐里，只露尾部在外面。

美食无数，名称也有许多，有时一道菜会有好几种不同的名字，或文雅，或幽默，或质朴，或吉利，美食的名称与美食本身一起，成为我国美食文化的一部分。

东坡肉

相传，东坡肉是以一代文豪苏轼（号东坡居士）的名字命名的。当年苏轼在徐州做知州的时候发了大洪水，苏轼亲自带领全城百姓抗洪筑堤，终于保住了徐州城。百姓纷纷杀猪宰羊送给苏轼，苏轼推辞不掉，收下后亲自指点家人制成烧肉，又回赠给参加抗洪的百姓。百姓吃了之后觉得肥而不腻、酥香味美，一致称它为“回赠肉”。后来这道菜流传开来，人们就把它叫作“东坡肉”。

佛跳墙

清朝道光年间，福州一位官员宴请同僚，官员的妻子亲自掌厨，用家乡的传统方法将鸡、鸭、蹄筋等许多上好的食材盛在黄酒坛子里，慢火煨熟。盛上席之后，大受好评。客人很喜欢这道菜，回家便命家里的大厨郑春发仿制。郑春发在原来的配方基础上加入了自己的构思，完美地提升了这道菜。

后来，郑春发自己开了酒楼，还给这道菜取名“福寿全”，成了酒楼的招牌菜，各地食客慕名而来。

有一天，几位文人专程为“福寿全”而来，品尝之后赞不绝口，有位文人即兴吟诵道：“坛启荤香飘四邻，佛闻弃禅跳墙来。”于是，郑春发便将“福寿全”改名为“佛跳墙”了。

名不副实的夫妻肺片

夫妻肺片是一道常见的凉菜，价格不高，又有荤味，配料滋味十足，作为餐前小菜特别开胃，受到老百姓的普遍欢迎。

夫妻肺片知名度高，还因为它的名字特别好记，同时因为“肺片”二字，让陌生食客有颇多误解。

夫妻肺片真的是一对辛苦劳动谋生活的小夫妻发明的。他们买不起昂贵的食材，只能买些牛心、牛肚、牛舌等“下脚料”，经过妙手烹制，将下脚料“变废为宝”，让这道小菜变得十分鲜美。小夫妻摆小食摊拿去卖，招牌上写着“夫妻废片”，因为“废”字实在是不好听，就改为“夫妻肺片”。这道菜的原料大多是牛下水，并没有肺，所以说，这是一道“名不副实”的菜。

一卵孵双凤

孔府菜中有一道知名菜品：“一卵孵双凤”。传说有一次，孔府第七十六代“衍圣公”孔令贻（yí）宴请地方官员，大摆宴席。后厨备菜的时候，一不小心打翻了孔令贻平日非常喜欢吃的“冬瓜盅”。后厨乱作一团，马上派伙计去街市上买冬瓜，冬瓜没买到，伙计却抱回来一个大西瓜。一味食材有偏差，原本的菜也就没法做了。主厨灵机一动，直接将西瓜入菜。他将西瓜剖开一个盖子，挖出瓜瓤，将两只鸡放入瓜内，加进干贝、鲍鱼、笋干等可以提鲜的配料，用竹签钉好西瓜盖，上锅蒸熟。

没想到，这道急中生智的菜品在宴席上大受欢迎。

一卵孵双凤

五柳鱼

五柳鱼是一道传统美味，采用新鲜草鱼烹制，我国许多地方、许多菜系都有这道鱼肴。著名学者邓云乡先生考证，杭州楼外楼的名菜，先是五柳鱼，然后才是西湖醋鱼。

杜甫与五柳鱼

关于五柳鱼的命名，有许多说法。邓云乡先生认为，这道菜是一位被称为“五嫂”的厨师做的好菜，所以被命名为“五柳鱼”。

关于五柳鱼的来历还有众多传说，相传与苏轼有关，又传与杜甫有关，众多传说也使这道菜变得更加神秘。人们将名菜的来历与名人附会，甚至流传出很多颇为精彩的故事，因为美食带给人味蕾的愉悦、肚腹的饱足之后，层层叠叠，牵引出了更多对故乡故土的情思。人们希望随着食物的烟火气氤氲(yīnyūn)生出更多的典故，既是酒香也怕巷子深的小巧心思，也是浅盘浅碟、浅斟（zhēn）浅唱之中，对名人逸（yì）事的着迷和对文人风骨的留恋吧。

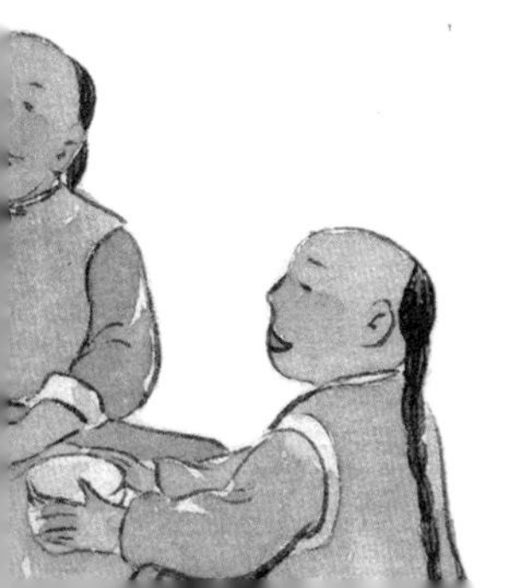

岁时食俗

过年吃饺子、年糕，过端午吃粽子，过中秋吃月饼……小朋友，你有没有想过这是为什么呢？这种在特定时节吃特定食物的习俗叫“岁时食俗”。岁时食俗自古流传，传到明清的时候，就与现代很接近了。岁时食俗作为一种长久以来形成的现象，已经融入全国乃至全球华人的生活之中。

过大年

过春节也叫过大年，是我国最隆重的节日。

大年三十晚上人们会守岁，等待新的一年来临，北方的人们会在这时吃饺子，而南方的人们则会吃年糕。

饺子是最受欢迎的岁时食物之一，它的起源有很多种说法，相传是医圣张仲景发明的，为的是饮食保健，在冬日给人们增加营养。

饺子起源很早，很可能源于馄饨，出土的春秋时期的文物中就有包成三角形，里面有馅的食物。隋朝《颜氏家训》中有：“今之馄饨，形如偃（yǎn）月，天下通食也。”偃月样的馄饨，那可不就同饺子很像了嘛。唐代出土的文物里就有木碗盛着饺子，和今天的饺子几乎没有差别。

年糕是糯米蒸成的糕，黏性很大，南方人过大年时，蒸上几屉年糕，热气腾腾，蒸蒸日上，寓意“年年高”。

立春迎春

立春时，小孩子要咬春，大萝卜又水又脆，可解春天里产生的困乏。

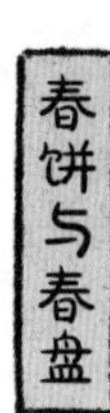

吃春饼是重要的立春食俗，一摞薄薄的荷叶饼，蘸着甜面酱，卷着葱、韭等各种春天的菜蔬，还可以卷上熏酱肉、摊鸡蛋，卷什么都好。吃了春饼，春天就来了。

古人过立春还有食五辛的习俗，葱、蒜、韭菜、油菜花、香菜就是五辛，因为这五种菜蔬都有种辛香的气味。“辛”与“新”同音，寓意迎接新春。

正月十五

元宵是新年第一个满月的夜晚，也是“上元节”的夜晚，所以非常热闹。从宋朝开始，人们就在元宵节吃元宵，那时的人们把这种食物叫“浮圆子”。元宵和汤圆长得非常相似，但制作方法却不相同。元宵是“滚”出来的，先制馅料，一般是甜甜的素馅，和好后切成小块，放在糯米粉里，用大笸箩（pǒluo）滚啊滚，馅料沾上糯米粉，越滚越圆，越滚越大，就成为元宵了。汤圆是包出来的，先将糯米和成团，再包进馅料，馅料可荤可素，更加丰富多样。

不管是元宵还是汤圆，都与“团圆”字音相近，寓意团圆美满。

汤圆

寒食与清明

古人非常重视寒食节，在寒食节的一段时间里需要禁火，只能吃冷食。人们会在寒食节前准备好食物，《荆楚岁时记》里记载，大麦粥和杏仁酪（lào）都是寒食节的食物。江南地区清明节会吃青团。青团是用浆麦草汁液与糯米粉糅合，里面包上豆沙馅料制成的。青团个头不大，光滑碧绿，口感软糯清甜。

青团

端午食粽

农历五月初五是端午节，又称“端阳节”。在这一天，人们包粽子吃。

粽子起源很早，最早叫“角黍”。传说是战国时期楚国人民制作的，他们将粽子投入江中，以祭奠投水的诗人屈原。晋代书籍《风土记》中说，人们在端午和夏至日吃粽子。

我国古代用竹筒盛糯米制成的粽子叫“筒粽”，现在常见的是用粽叶包成的。粽叶不是某种特定的植物，而是包粽子的叶子的统称，一般用芦苇叶或箬（ruò）叶。粽叶包裹的糯米会形成独特的口感。糯米中也会加进馅料，北方用大枣、豆沙的居多，以甜味为主；南方则会加入花生、栗子、咸蛋黄、咸肉，以咸味为主。

中秋吃月饼

中秋节是我国的传统节日，唐代开始盛行。中秋节吃月饼的习俗起源很晚，苏轼在诗中写道：“小饼如嚼月，中有酥和饴。”这里的小饼可能是月饼最初的样子。

“月饼”一词最早出现在南宋的《梦粱录》中，到了明清，人们才固定在中秋节时吃月饼。月饼需要用荤油和面，用蜜糖、坚果、蛋黄、肉类等食材做成香酥可口的馅料。

清代小说家曹雪芹在他的小说《红楼梦》中提到了内造瓜仁油松瓤（ráng）月饼，这是古代贵族官宦人家才能吃到的高级坚果月饼。袁枚在他的烹饪著作《随园食单》里也有类似的介绍。

重九菊花酒

魏晋时期非常重视重阳节，《荆楚岁时记》记载：“九月九日，四民并籍野饮宴。”这个时候，人们登高、野外徒步，还要佩茱萸（zhūyú），饮菊花酒。其中饮菊花酒有求长寿的意思。

汉代《西京杂记》里记载：“菊花舒时，并采茎叶，杂黍米酿之，至来年九月九日始熟，就饮焉，故谓之菊花酒。”菊花酒是用新鲜菊花和黄米等粮食一起酿造而成的。

特色美食

我们去全国各地旅行时，一定会去尝尝当地的特色美食，例如，内蒙古的羊排、新疆的红柳肉串、东北的酸菜血肠、上海的小笼包、广东的茶点、澳门的葡式蛋挞（tà）、苏州的松鼠鳜（guì）鱼、桂林的米粉、天津的炸糕、西安的白水羊肉、重庆的火锅……一方水土养育一方人，每一处的美食成就了每一处人们的情怀。美食牵动着人们的味蕾，也牵动着人们的思念。

四大风味与八大菜系

四大风味指鲁味、川味、粤味及淮扬味。

菜系，又叫“帮菜”，在中国，影响比较大的有八大菜系，它们分别是：鲁（山东）菜、川（四川）菜、闽（福建）菜、粤（yuè，广东）菜、苏（江苏）菜、浙（浙江）菜、湘（湖南）菜、徽（安徽）菜。各大菜系烹调技艺各有千秋，风味也各具特色。

除了四大风味和八大菜系，祖国各地还有许多风味差别，如上海菜（本帮菜）、潮州菜、东北菜、北京菜、客家菜，等等，每个地方的人引以为豪的风味，就是当地的特色美食了。

八大菜系的由来

游宦、士人大多爱酒、爱茶、爱美食，他们会将心中喜好写进诗文，一经传诵，便形成了一方地域的独特名片。就好像今天的美食博主，让一些地方小吃成为著名美食。

明朝的时候，中国饮食已经可以分为京式、苏式和广式三大风味。清代的时候，辣椒这种外来调味料已经在四川地区生根发芽，运用成熟，川菜菜系基本形成，鲁、川、扬、粤成为清代知名的四大菜系。清末的时候，在四大菜系的基础上又发展为鲁、川、淮扬、粤、湘、闽、徽、浙八大菜系。也就是说，八大菜系的定型和命名，时间并不久远。

历史悠久的鲁菜

鲁菜就是山东菜，是中国传统八大菜系中历史最悠久的菜系，也是八大菜系之首。

鲁菜做工精细，技法独特，回味无穷，菜量充足，讲究排场和饮食礼仪。经典的菜品有油焖大虾、四喜丸子、太极豆腐等。

九转大肠

光绪初年，济南城里有个九华林酒楼，名厨汇集，十分知名。这些名厨特别擅长烹制下水（内脏），其中有一道菜，将大肠洗净，一层一层套起来，经过焯（chāo）、煮、炸、烧等多个流程，反复出锅入锅，用非常复杂的工艺烹制而成。众食客品尝后，说香辣的也有，说咸鲜的也有，说酸甜的也有……这道烧大肠便成为九华林的名菜，也因味道层次丰富被命名为“九转大肠”。

孔府第一菜

曲阜的孔府菜是鲁菜中重要的一支，被称作“公府菜”，是菜中贵族。因为许多朝代将孔子奉为“至圣”，孔门后人也受到历代朝廷关照，得到许多赏赐和地方进贡，所以孔府菜以豪奢闻名。

“八仙过海闹罗汉”是孔府著名的主菜，它选用鱼翅、海参、鲍鱼、鱼骨、鱼肚、虾、芦笋、火腿为主要原料，美其名曰“八仙”。将鸡脯肉剁成泥状，做成罗汉钱的形状，称之为“罗汉”。把虾做成虾环，海参做成蝴蝶的形状，鲍鱼和鱼肚切成片，鸡脯肉切成长条，芦笋选好八根，然后用盐、绍酒等调味，上笼蒸熟。出笼后，将八种原料分别摆在一个圆形瓷盘里，中间摆上罗汉鸡，撒上火腿片、姜片和汆（cuān）好的青菜叶，最后浇上美味的鸡汤。

百变的川菜

川指四川地区，川菜以四川、重庆等地菜肴为代表，是中国最有特色的菜系之一，味道极其鲜香，也是民间最大的菜系。川菜最大特点是口味多样，变化精妙，辣椒、胡椒、花椒、豆瓣酱、蒜头是最常用的调味料。川菜的神奇之处在于将这些调味品按不同分量进行调配，可以变幻出麻辣、酸辣、椒辣、椒麻、鱼香、酱香等不同的口味，所以川菜有“百菜百味”的美誉。麻婆豆腐、水煮牛肉、鱼香肉丝等都是典型的川菜。

麻婆豆腐

麻婆豆腐诞生于清朝同治年间，生活在四川成都北郊的阿婆，嫁给了一位姓陈的、脸上长着麻子的男子，便被邻里称为“陈麻婆”。陈麻婆幼年曾经帮厨，学到了一些手艺，后来和丈夫一同在万福桥旁开了一家小餐馆。三十多年过去

了，陈麻婆的厨艺越发精湛，尤其以豆腐料理出名，来往客商纷纷慕名而来。她和丈夫干脆将餐馆更名为“陈麻婆豆腐饭铺”。

爽滑可口的豆腐、鲜嫩多汁的肉末、鲜辣爽口的郫（pí）县豆瓣，加之精心的料理，便成就了一道朴实的美食。现在，麻婆豆腐遍布中国，成为川菜的代表。

山海聚集——闽菜

闽是福建的简称，闽菜是以福州菜为基础，后又融合闽东、闽南、闽西、闽北、莆仙地方风味菜为主形成的菜系。福建人民经过与海外，特别是南洋群岛人民的长期交往，海外的饮食习俗也逐渐渗透到闽人的饮食生活之中，从而使闽菜成为带有开放特色的一种独特的菜系。

闽菜以烹制山珍海味而著称，在色香味形俱佳的基础上，尤以“香”见长，其清鲜、和醇、荤香、不腻的风格特色，以及汤路广泛的特点，在烹坛园地中独具一席。福建一年四季如春，有山有海，山珍海味在这里聚集，是个能大饱口福的好地方。

福建人会做汤，会调味，同时擅长烹制海鲜。著名的“佛跳墙”是闽菜中最知名的菜肴，除此之外，还有荔枝肉、醉糟鸡、海蛎煎、沙县拌面，等等。

西施浣纱

西施舌

西施是春秋战国时期著名的美女，传说她在溪边浣（huàn）纱的时候，鱼儿怕惊动她的美貌，都不敢游水，纷纷沉入水底，“闭月羞花，沉鱼落雁”是形容美女的经典词语，其中“沉鱼”说的就是西施。

越国与吴国交战，越王勾践败给吴王夫差，被囚禁起来，并被当作奴仆使唤。勾践夫妻忍辱三年，终于得到吴王信任，被放回了越国。勾践为了报复吴王，让西施去迷惑吴王，吴王夫差果真被西施迷得神魂颠倒，不久之后，越国战胜了吴国，夫差被迫自杀。

而这时的西施，却被视为祸水，被绑上石头沉入大海。关于西施的结局有许多传说，这是其中的一种。

闽越的海边生活着一种小海蚌（bàng），柔软的斧足就像美女的舌头，那里的人们便将这种小海蚌称为“西施舌”，期待茫茫大海不会湮（yān）灭这个美丽的女子和她悲伤的故事，西施舌会为她鸣不平。

西施舌是福建知名的食材，也是菜肴的名称，炒、煨、煮、蒸等多种制法都适合，是餐桌上常见的菜品，也是鲜美的海味。

博采众长的粤菜

粤是广东省的简称，粤菜就是广东菜系，以广州菜为代表，特别出名的顺德菜就是广州菜中重要的一类风味，除了广州菜，潮州菜、东江菜、南海菜都是粤菜的细分风味。小朋友们非常爱吃的虾饺、乳鸽、叉烧包、手打牛肉丸、梅菜扣肉、白切鸡等都是粤菜。

白切鸡

广东厨师讲究保留食材的原汁原味，绝不过分烹制，无论火候还是调味，一切都恰到好处。广东人喜爱吃的白切鸡，就是把鸡在白卤水中浸熟，保持鸡的原味，吃的时候才加姜、盐等少许配料，最大程度地让食材鲜嫩清香。

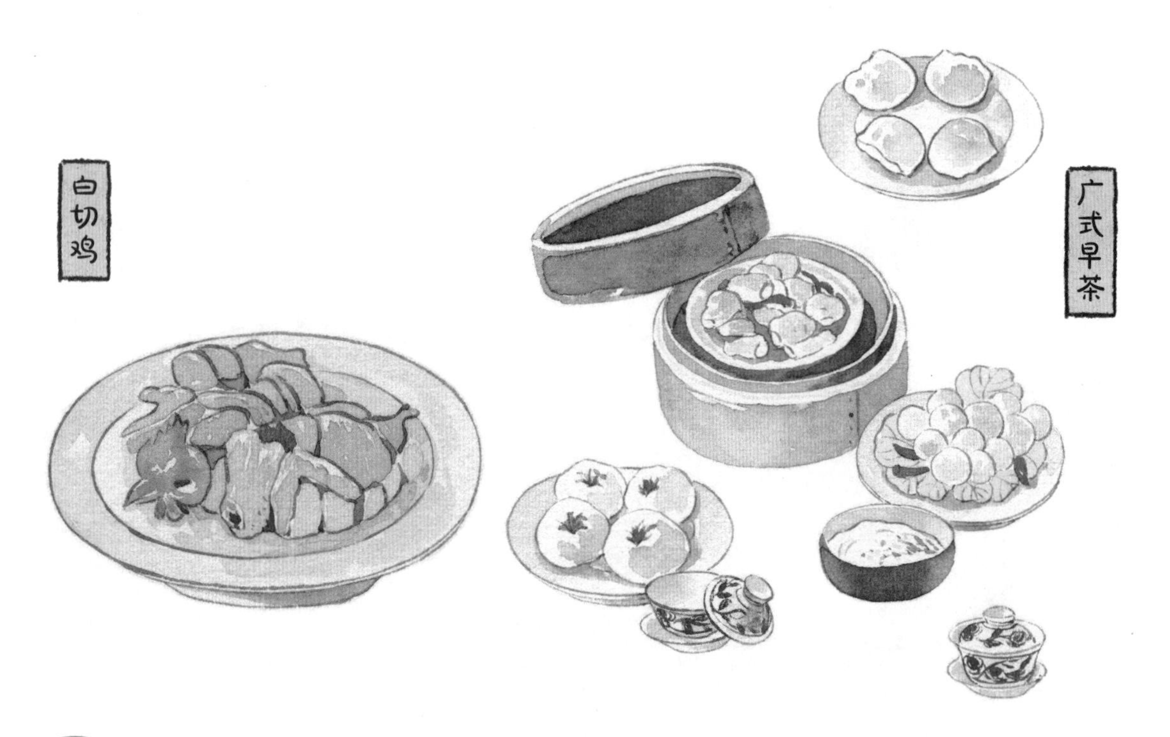

广式早茶

广州人爱吃早茶，每天清晨，上班族、学生、退休的老人都会涌至茶馆，点上一壶最爱的茶水，几样茶点，一大家子老少围坐一桌，聚食谈笑，也是广州茶馆的一景。

东南第一佳味——苏菜

苏指江苏，苏菜涵盖了南京菜（金陵菜）、扬州菜、苏州菜等不同风味。

南京是六朝古都，扬州又是漕运中心、交通重镇，是许多商旅、文人向往的地方。苏菜的饮食段位非常高，不但突显地方特色，而且还能仿做清廷满汉全席，苏菜也是清代宫廷菜的第二大菜式。

红楼梦中品苏菜

松鼠鳜鱼

苏菜的代表菜有盐水鸭、清炖甲鱼、清炖狮子头等，其中松鼠鳜(guì)鱼外观特别好看，口味酸甜鲜香，特别出名。

厨师的刀功在这道菜上很有体现，“剞（jī）花刀”是厨师加工松鼠鳜鱼的第一步。剞是雕刻用的特制刀具，饮食界的剞花刀就是指在食材上雕刻出特定形状，会随着烹制加热产生独特造型的技法。可以看出，人们早已不满足于仅仅吃饱，而是在色、香、味上都有更多的追求。鳜鱼身上肥厚的鱼肉被剞成花刀，下锅过油后鱼肉全都向上翘起来，摆在盘子中间，鱼头和鱼尾过油摆在盘子两边，临上桌前淋上甜酸可口的调味汁，整条鱼端上来金黄灿烂，并且还在“吱吱”作响。这道菜也因为样子和声音都像松鼠，所以取名松鼠鳜鱼。

长鱼席

长鱼就是鳝(shàn)鱼，因为黄鳝有着长长的身体，所以又称“长鱼”。几千年前，两淮地区的人们就吃鳝鱼，而且因为味道鲜美，颇受当地人喜爱。

鳝鱼烹饪是苏菜系淮扬菜的一大亮点，在淮扬大厨的手里，黄鳝的做法特别多，炝虎尾、炒软兜、烧长鱼、焖鳝段、大烧马鞍桥等，花样繁多，当地著名的长鱼席就是指桌上所有的菜肴皆用鳝鱼入馔，清朝徐珂（kē）在《清稗（bài）类钞·饮食类》中记载道："同（治）、光（绪）间，淮安多名庖（páo），治鳝尤有名，胜于扬州之厨人，且能以全席之肴，皆以鳝为之，多者可致数十品。盘也，碗也，碟也，所盛皆鳝也。而味各不同，谓之曰全鳝席。"

正宗长鱼席上所有的菜都是以黄鳝为原料制成的，共有几十道甚至上百道，真是极具匠心。

南料北烹的浙菜

浙指浙江，浙江自古就是鱼米之乡，物产丰富，"西塞山前白鹭飞，桃花流水鳜鱼肥"，说的就是浙江省吴兴县的美丽景象，优越的地理条件成为浙菜发展的基础。

在历史上，南宋将都城由汴（biàn）梁（现今河南开封）迁到临安，也就是杭州，这使得浙菜具有了"南料北烹"的特点，也就是用北方的烹调方法将南方的食材做成美味可口的菜肴。浙菜口味略甜，喜欢吃甜食的小朋友们会很喜欢，烹制河鲜、海鲜是浙菜厨师们最拿手的。

袁枚和李渔

袁枚、李渔是我国清朝有名的文学家，他们都是浙江人，也都是特别爱吃的美食家。袁枚的《随园食单》和李渔的《闲情偶寄》都对浙菜的风味特色进行了阐（chǎn）述，扩大了自己家乡菜——浙菜的影响。

袁枚的随园、李渔的芥子园在当时都十分知名。

随园主人袁枚特别喜欢美食，他在《随园食单》开篇中说：“余雅慕此旨，每食于某氏而饱，必使家厨往彼灶觚（gū），执弟子之礼。四十年来，颇集众美。”意思是说袁枚在美食领域是个特别好学的人，如果在谁家吃到好吃的，就一定会让自己的家厨像学生一样去拜师学艺，四十年来收集了众家精华。许多人就是为了吃到袁枚家的私房菜专门去造访的。

随园私房菜

祖庵豆腐

辣椒炒肉

剁椒鱼头

腊味合蒸

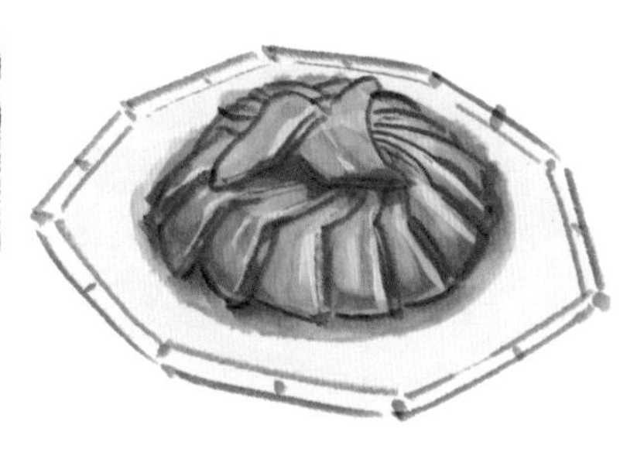

馥郁芬芳的湘菜

湘是湖南的简称，湘菜形成于湖南一带，辣味和腊味是湘菜最棒的风味，无论是煨还是炖，是蒸还是炒，都有着嗅觉和味觉的极佳体验。湖南夏天炎热，夏季的湘菜口味清淡、鲜美；冬天湿冷，口味热辣、浓醇。祖庵豆腐、辣椒炒肉、剁椒鱼头、腊味合蒸等都是著名的湘菜。

剁椒鱼头

鳙(yōng)是鳙鱼，头部肥大，约占体长的三分之一左右。在湖南，人们会取鱼头部分剖开，用盐搓几遍，再用水冲净，盘底铺上姜丝，鱼头平铺好，淋上特制的料汁，再铺好剁碎的辣椒，上屉蒸熟，出锅以后淋上热油。这就是色香味俱佳的剁椒鱼头啦！

浓香质朴的徽菜

徽菜发源于安徽省，善于烹调山珍野味，还有用火腿调味的传统。徽菜朴素实惠，注重保持食材的原汁原味，不少菜肴都是用木炭取小火炖煨而成，原锅直接上桌，汤清味醇、食材肥厚甘美。

徽菜起源于南宋时期的古徽州，原是徽州山区的地方风味，在漫长的岁月里，经过历代名厨的交流切磋、继承发展，徽菜已逐渐从徽州地区的山乡风味中脱颖而出，如今已集中了安徽各地的风味特色、名馔佳肴，逐步形成了一个雅俗共赏、南北咸宜、独具一格、自成一体的著名菜系。后来渐渐流传到江苏、浙江等地，甚至影响到大西北的古都西安，在中国菜系中独树一帜。

徽菜名菜有金银蹄鸡、黄山炖鸽、火腿炖甲鱼、淡菜炖酥腰、红烧野鸡肉，等等。其中徽州火腿享誉华夏，名菜“鱼咬羊”将羊肉塞进鱼肚子里一起烹制，鲜美非常。

徽州火腿

徽州毛豆腐

毛豆腐因表面长有一层白色绒毛（菌丝）而得名，出现这种毛是因为在点豆腐的过程中混合进了特别的霉菌，豆腐放在温暖湿润的环境里，致使菌丝生长，给豆腐大大提鲜。毛豆腐是安徽特有的传统风味小吃，炭烤、油煎都非常美味。

民间传说毛豆腐与朱元璋有关：朱元璋曾在徽州战败，逃到休宁地区。途中，他饥饿难耐，就让随从到处寻找食物。一个随从在草堆里搜寻了几块藏在这里的豆腐，但它们已经发酵长出了长毛，因为实在没有其他东西可吃了，总不能就这样饿死吧？随从只好把豆腐放在炭火上烤，然后给朱元璋吃。没想到，豆腐味道很鲜美，朱元璋吃得很开心。取胜后，他命令随从做毛豆腐来奖励三军，毛豆腐就逐渐在惠州流传开来。

名 茶

中国茶文化历史悠久，传说神农尝百草，就尝出了茶，陆羽的《茶经》里遂有：“茶之为饮，发乎神农氏。”很早很早以前，茶是入药的，西汉司马相如的《凡将篇》中，茶是同桔（jié）梗、款冬、贝母、白芷（zhǐ）等二十余种药材列在一起的。后来茶又入馔，人们看重茶清热解毒的效能，也同样看重茶香带给餐食升华的味道。

在汉代，我国西南地区已开始饮茶，不过还不为中原人所接受。到了魏晋时期，人们发现茶有提神解乏的功效，才开始大量种植、饮用。

唐朝时期，饮茶之风广泛兴起，宋朝兴盛，到明清时期达到了鼎盛。开门七件事：柴、米、油、盐、酱、醋、茶。经过几千年的发展，饮茶已与中国人的生活密不可分，融合了情感，体现着俗常。不管是英式下午茶，还是日本的禅茶，世界上很多国家的茶树、制茶方法、饮茶的习俗，都源自中国，可以说茶文化是中国对世界的一大贡献。

“茶”有过好多曾用名

在我国古代，“茶”字最早写作“荼（现代汉语中读 tú）”，直到唐代中期以后，才确定为今天的“茶”字。由于之前的文献经过后人抄写、刻印，有的改为了“茶”，但不代表唐代以前就写成“茶”。此外，《尔雅》中称茶为“檟（jiǎ）”，司马相如管茶叫“荈（chuǎn）诧”。茶最常见的名称还有“茗”，现在还很常用，说起来也很好听。

到了唐代，茶的幽香淡然已经被人们接受和欣赏。有个叫常伯熊的人，专门给茶起了个雅号——“涤烦子”，意思是说茶是涤荡烦闷、解除忧愁的妙物。茶还有很多好听的名字。唐宋时的茶往往制成饼形，人们就管茶叫月团、金饼。茶清香悠远，品性高洁，越是生长在深山峰顶的茶就越香醇，所以也有人管茶叫嘉木、凌霄芽、兰芽、金芽、雪芽。

茶叶家族

茶树的树干可用于雕刻，叶子可制茶，种子可以榨油。茶树有大叶、中叶、小叶之分，还有乔木型、灌木型等许多不同的品种。

我国制茶历史悠久，各地也有各地独特的制茶方法。按品种和加工方法不同，茶叶可以细分为许多种类，形成了一个庞大的家族。

这个家族按颜色可分为白茶、绿茶、黄茶、红茶、青茶、黑茶六大类，其中绿茶是我国产量最多的茶种。知名的六（lù）安瓜片、龙井、碧螺春、信阳毛尖都是绿茶；祁门红茶、滇红是有名的红茶；产自云南的普洱茶是最典型、常见的黑茶；青茶这个词比较陌生，不过说起茶品大家都会知道，铁观音、大红袍、乌龙茶都是青茶。

除了茶树采摘的茶叶外，凡是能冲泡饮用的，在我国也被称为茶：加姜片、姜末制成的姜茶有驱寒暖身的功效；用各种可食用的花制成的花草茶既好看又好喝；菊花、金银花、莲子心、甘草、罗汉果、山楂、枸杞等许多药材配比在一起冲泡，据说有一定的养生功效，人们称这种混合茶饮为“八宝茶”；清代老北京茶馆里特别时兴喝“香片”，这是花茶的雅称，人们将香气浓郁的花朵和茶叶一起加工，使茶香混合花香，别有一番韵味。

茶明明是喝的，为什么非说“吃茶”？

在我国古代，喝茶不叫喝茶，叫“吃茶”，也叫“品茶”。“品”有体验和回味的意思，吃就是现在的喝。

有人说，古人用茶做饭做菜，所以叫吃；还有人说，人们喝茶不吐茶叶，所以叫吃。其实这些说法都是不准确的。

喝茶为什么叫“吃茶”呢？这得从“神农尝百草”开始说起，当时没有合适的茶具，他就直接用嘴品尝茶树的鲜叶。

在古时候，凡是把东西送入口中，都叫吃，“吃”原来写作“喫（chī）”，喝酒叫吃酒，喝茶叫吃茶也就不足为奇了。说到底，这其实不是喝茶习惯的问题，而是汉语的演变问题。

中国十大名茶

西湖龙井、洞庭碧螺春、黄山毛峰、庐山云雾、六安瓜片、君山银针、信阳毛尖、武夷岩茶、安溪铁观音、祁门红茶。

茶铺喝茶

喝茶的“姿势”

从西汉到隋朝初期，南方地区喝茶是用“粥茶法”，“吴人采其叶煮，是为茗粥”。烹茶的时候将茶、葱、姜、枣、橘皮、茱萸等食材煮在一起，就好像一锅汤。

唐朝的陆羽对“粥茶法”非常不屑，他强调的是“末茶法”，“末茶法”大概流行到元朝前期。茶要制成茶末，“其屑如细米”，然后煎来喝。煎是水煮，将茶釜放在风炉上烧水，水沸腾到“涌泉连珠”的时候加入茶末，煮到泛起的茶

饮泡沫涨满茶釜的时候，便可以盛出来饮用了。

唐朝时还流行一种“点茶法”，就是把茶末放在茶盏里，用沸水倒进去冲，边冲还要边搅打茶汤，打出泡沫来。随着点茶法的流行，茶末越来越细，现在日本还很流行的抹茶，也叫末茶，就是源自这种极细的茶末。文学家、美食家苏轼将这种茶称为“飞雪轻”。

元朝后期，喝散茶之风开始兴起，散茶就是我们现在可以见到的茶叶，同如今的样子差不多。

中国古代的斗茶

唐宋时期有许多有意思的休闲活动，那时的人们不打游戏，就想方设法发明一些好玩儿的活动，斗茶就是其中很高级的一种。斗茶用茶膏，茶膏是茶叶经过复杂的加工，掺入龙脑等香料，以及淀粉熬成剂，再制作而成的。这种茶膏用高级手法点出来，是要泛着银白色细腻的白沫的，与黑色茶盏配在一起，非常好看。人们斗的就是茶汤混合的样子和盏壁上水痕的状态。

宋徽宗赵佶（jí）是出了名的“文艺皇帝”，干啥都行，就是不会当皇帝。他对点茶、斗茶乐此不疲，还写了《大观茶论》，专门论述茶道。

“茶圣”陆羽和《茶经》

如同提到兵法，人们就会想起孙子；提到儒学，人们就会想起孔子；提到饮茶，人们一定会想到陆羽。陆羽是唐朝人，他是我国最早的茶学家，也是最著名的一位，他写出了世界上第一部关于茶叶的专著《茶经》，被后人尊为“茶圣”。

《新唐书·陆羽传》里记录了陆羽的成长经历，也描写了他的性格。陆羽的童年是在寺庙中度过的。长大后，他在社会上从事文艺表演工作，本人也放荡不羁(jī)，十分有个性。他在林间溪旁隐居，读书交友，饮茶、品茶。他化爱好为动力，创作了《茶经》，详细论述了茶道的起源、操作方法、用品器具，影响力很大。《茶经》在后来成为畅销书，使饮茶之风在唐朝开始兴盛，而且流传至今。

酒 俗

酒的起源非常早，早在远古时代，人们就发现储存起来的水果通过自然发酵能产生酒精。后来，人们又用谷物酿酒，谷物里的淀粉转化为糖分和酒精，稍加过滤就可以饮用，是酒精度很低的甜酒，叫作“醴（lǐ）”。

远古时期食物种类不多，甜酒味道甘美，酒精又能使人的精神迷醉，所以甜酒被认为是一种珍贵又神奇的饮料，大量用于祭祀场合。一直到现在，酒和因酒产生的文化还深深影响着我们的生活。

到底是谁发明了酒呢？至今仍然没有一个确定的答案。有人说是大禹的属臣仪狄，也有人说是杜康创造了酒，还有观点认为，人们造酒是受到猿猴的启发，因为人们发现猿猴经常采集野果放在石头缝里，慢慢酝酿（yùnniàng）成了酒，人们由此学会了酿酒。

中国特有的酒——黄酒

黄酒是中国特有的酒，历史非常悠久，可以追溯到夏商时代。黄酒含有丰富的营养，跟其他酒类比起来，口感更加柔和，酒精度也不高，如果加热后再喝，口感更好。许多小说里写哪位侠士一喝酒就是几坛，那喝的一般都是黄酒。

浙江绍兴的花雕酒又叫“状元红”“女儿红”等，据说有六千年的历史，保存得越久越香，是当地人家有大型庆祝活动时的必备用酒。

古人喝酒讲究多

在古代，主人和宾客初次一起喝酒时，要相互跪拜行大礼。主人要先向客人敬酒，叫作“酬（chóu）”；客人要适时回敬主人，叫作“酢（此处读 zuò）”，敬酒的时候要说敬酒词；客人之间相互敬酒叫“旅酬”；敬酒的人和被敬的人都要站起来，叫作“避席”。晚辈和长辈一起喝酒时，要先行跪拜礼才能入席，晚辈在长辈面前饮酒叫“侍饮”。长辈让晚辈饮酒时，晚辈才能端起酒杯喝酒；长辈没把杯里的酒喝完，晚辈不能先喝完自己杯子里的酒。

古人的干杯

“干杯”其实不是我们现代人的专利，古时候人们喝酒也讲究干杯，只不过那时把干杯叫作“釂（jiào）”或者“卒爵”。到了汉代，酒席间，主人斟酒敬客人，客人必须要一饮而尽，如果客人杯中的酒没有喝完，就是不尊重主人的表现，算是客人失礼。

祭祀时的喝酒

在中国古代，祭祀是一件天大的事，祭天地、祭祖宗都离不开酒。祭祀一般在宗庙举行，祭祀时不同身份、不同地位的人用的酒器也不一样。春秋战国时期，举行祭礼时，地位尊贵的人用觯（zhì）喝酒，地位低的人用角喝酒，不能擅用滥用，否则就是大不敬。

喝酒行酒令

酒令是喝酒过程中玩的一种小游戏。酒令分雅令和通令。雅令是有点儿文化的人行的，有人带头说出诗句、对联、成语等，其他的人依次接上，不能中断，谁没及时接令就要接受点小惩罚，比如罚酒、罚表演个节目什么的。名著《红楼梦》里多次写到行酒令，雅得很。而通令的行令方法主要是掷骰（tóu）子［俗称色（shǎi）子］、抽签、划拳、猜数等，十分热闹。

节日饮酒

现在，每逢重要的节日人们也会喝酒，春节要喝屠苏酒、花椒酒；春社日祭土神，要饮中和酒、宜春酒；端午节饮菖蒲（chāngpú）酒、雄黄酒；中秋赏明月，饮桂花酒；重阳节要登高望远，饮菊花酒；除夕之夜守岁，一家人围坐在一起喝团圆酒。

中华美食的世界交流

西域商旅

古时候，道路难行、交通不发达，在东西方广阔的地域里，人们交流困难，属于某个地域的独特美食也很难让远方的人们品尝到。西汉时期，张骞（qiān）出使西域，自此开辟了“丝绸之路”。之后的千百年间，中国的丝绸、茶叶、桃、杏、梨、茶等走向了世界，同时，从其他国家引进来的胡瓜、胡桃、胡萝卜、石榴、玉米、番薯等也丰富了中国人的味蕾，填饱了肚皮，补充了营养。

由此可见，加强合作交流，自古以来就是利国利民的好事。

中国饮食文化对日本的影响

唐朝时期，高僧鉴真东渡日本，带去了很多中国糕点，而且还将这些糕点的制作方法传到了日本。

那时，中国和日本交往频繁，很多日本留学生来中国游学，他们回国后也把中国的很多饮食习惯带了回去，其中，筷子的使用就是很重要的一项。

至今，日本人仍然把豆酱称为唐酱，萝卜称为唐物，花生称为南京豆，豆腐在日本依然是很受欢迎的食物。

中国茶文化的外传

中国饮食文化中不可忽视的茶文化对世界的影响很大。16 世纪左右，中国的茶叶传到了葡萄牙，之后葡萄牙的公主嫁到英国，就将饮茶的习惯也带到了英国皇室。慢慢地，饮下午茶的风俗在英国流传下来，

直到现在，英国人仍然保留着在下午3点左右饮下午茶的习惯。

日本的茶道也起源于中国，具有东方文化的韵味，并且演化成了日本特有的风格。

餐具的旅行

最有中国特色的餐具非筷子莫属，筷子首先从中国传到朝鲜、日本和越南等汉字文化圈国家，接着传到东南亚其他国家，形成了很有特色的东亚饮食文化圈。中国的陶瓷餐具也跟随中国对外交流的脚步走进了很多国家，尤其对泰国影响最大，在陶瓷餐具传入泰国之前，当地人都是用植物叶子来包裹食物的。

那些从外国引进的食材

现在我们的餐桌上食品种类多样，爸爸妈妈会变着法儿地给我们做好吃的，各种蔬菜、鱼肉、果品、饮料应有尽有。不知道小朋友们有没有仔细想过食材的名称，比如，西瓜为什么有个“西”字？胡萝卜为什么有个“胡”字？写成“葫萝卜”老师居然给画了个叉？番薯的“番”又是什么意思？

几千年前，我国本土的食材并没有那么多样，你不应该在一部描写秦朝的电视剧里看到一个人在吃玉米。直到丝绸之路开通，甚至到开放包容的唐代以后，食材才真正丰富起来。

中外交流是文化的交流、技艺的交流，也是美食的交流。下面我们就来了解几种从国外引进的食材。

西瓜

《诗经·七月》里说“七月食瓜，八月断壶”，这里的瓜是西瓜吗？并不是。壶是葫芦，瓜也是葫芦科的一种，叫瓠（hù）瓜，古人把它们当菜吃。我国传统的食材中有香瓜，有瓠瓜，还真就没有西瓜。

西瓜源自非洲，埃及法老曾认为西瓜是非常神圣的水果。非洲人早在四千年前开始培育西瓜，后来传入西亚、中亚，然后来到中国。

唐五代时期，胡峤在《陷虏记》中说：“结实大如斗，味甘，名曰西瓜。”直到宋代，人们才开始广泛食用西瓜。

玉米

玉米也叫“玉蜀黍”，现在河北地区还叫它为“玉黍”，南方一些地区管它叫“番麦”，一加个番字，小朋友就明白了，这一定是引进的食材。其实玉米的老家在南美洲，我国有玉米的文字记载，见于明朝正德年间的《颍州志》。早在明朝，玉米已在河北、山东、河南等地种植。发展到今天，玉米已经成为全世界种植面积最广的农作物之一了。

胡萝卜

明朝著名的医学家、药学家李时珍在他的著作《本草纲目》里收录了胡萝卜，并说：“元朝始自胡地来，气味微似萝卜，故名。”把胡萝卜这个名字的来历写得清清楚楚，原来胡萝卜翻译过来就是“外国萝卜”的意思，而不是长得像葫芦的萝卜，希望小朋友再也不要写错字了哟。